让孩子看懂世界的动物故事

国宝萌宠秀

《让孩子看懂世界》编写组 编著

石油工业出版社

　　万物有灵且美。那些消失在历史中的史前怪兽，那些微小却重要的小虫子，那些国家珍稀保护动物，那些作为家庭伙伴的小宠物，还有那些生活在天空中、地底下、海洋里的野生动物们，它们的生活，是那么神秘、那么有趣，构成了一个不同于人类社会的世界。

　　作为一起生活在地球上的伙伴，我们对它们又有多少了解呢？现在，打开这本书，让我们了解一下，这些迷人又可爱的大家伙和小家伙吧！

第1章 珍稀国宝

第 2 章　宠物传奇

猫的国

"汪星人"物语

第 1 章

珍稀国宝

大熊猫传奇

大熊猫，又称大猫熊、熊猫、猫熊，属于哺乳动物。从外形来看，大熊猫像熊，一般头躯长 1.2～1.8 米。通常来说，大熊猫的毛色黑白相间，但黑中透着褐色，白中带着黄色。大熊猫看上去毛茸茸的，其实它的毛很粗且厚。

野生大熊猫一般生活在中国西南地区（主要在四川，跨川、陕、甘）的高山中，一般吃高纤维的竹类，偶尔会吃竹鼠等。大熊猫是生活在中国的珍贵动物，是中国的国宝。

动物界的"活化石"

地球历史久远，在漫长时光中，很多远古动物已经消逝，不过，也有一些物种幸存下来，成了"动物界的活化石"，大熊猫就是其中之一。

大约 800 万年前，云南禄丰地区（乃至今云贵一带）属于热带潮湿气候，雨量充沛、植被茂盛，在这片土地上生活着很多远古动物，包括剑齿虎、乳齿象、三趾马，还有现在的大熊猫的祖先——禄丰始熊猫。

从物种演化来说，禄丰始熊猫扮演着"承上启下"的角色，往前可以对接熊类的始祖——祖熊，往后可以串联起大熊猫这个物种的演化路径。

从禄丰始熊猫开始，经过几百万年的演化，小种熊猫出现了。小种熊猫的体形比始熊猫大，但比现生熊猫小。随着环境变化，小种熊猫逐渐由肉食动物变成杂食性动物，这个时候它们开始吃竹子了。为了更好地抓握食物，它们还进化出了伪拇指。

又经过了百万年的演化，巴氏熊猫出现，在早更新世至中更新世期间逐渐繁盛。化石研究显示，巴氏熊猫原本分布在中国的很多地域，但是，约在2万年前的冰河时期，因为地球气温骤降，巴氏熊猫的主要食物箭竹灭绝，巴氏熊猫的数量锐减。在寒冷和饥饿之中，巴氏熊猫最后迁徙至中国西南一带，直到人类迈入新石器时代，演化的接力棒交到了大熊猫的手中。

大熊猫和它的"拇指"

大熊猫是怎么吃竹子的呢？

它的前爪会牢牢地抓紧竹竿、竹叶或竹笋，还可以抓住竹竿直接撸下嫩叶来吃。

这个动作看上去非常简单，要做起来其实需要特定条件，那就是拇指和其他指的配合。从哺乳动物的演化来说，多数食肉动物的指更适用于抓挠、戳刺、奔跑，比如，豹、虎、狮、熊等，它们并不像人类一样可以灵活地抓握取物。熊猫作为食肉目，能够完成这样的抓握动作就显得与众不同。

熊猫的与众不同之处正在于它的"伪拇指"。

熊猫有六个指头，也就是在哺乳动物前肢上常见的五指之外，还有一个增大的手腕部骨骼——桡侧籽骨（也叫伪拇指）——充当第六根手指，通过这根手指与其他五指的配合，就可以"被动"地完成抓握等动作。

之所以说是"被动"，是因为这根伪拇指没有进化成为完整的手指，并没有实际活动功能，不能独立于其他手指灵活运动。在伪拇指与真指之间有进行牵拉的肌肉，即桡籽骨内收肌，靠着这根肌肉，伪拇指才被拉向真指，由此完成抓握动作。

　　大熊猫伪拇指的出现大约可以追溯到 600 万年以前。根据推测，伪拇指起初可能只是简单地增大伸长，在漫长的演化中，伪拇指的末端开始演化出弯钩。这样的变化更有利于大熊猫对食物的抓握固定。

　　同时，伪拇指并没有进化到更长、更方便完成抓握动作的长度，只是停留在适合抓握的程度上。这是因为伪拇指如果长得过长，有可能会影响到行走和承重，通俗地说，就是走路会踩到。

　　综合以上两点，伪拇指目前的演化结果是抓握功能和承重功能的调和产物。

　　科学家研究推测，伪拇指的演化具有较强的针对性，即吃竹子。

　　熊猫的食谱中也包括果实、矮草一类，但是，这样的抓握动作显然不是针对这些食物，而更有可能是为了更好地固定竹竿，目的是紧握、旋转竹竿和竹叶，配合撕咬、咀嚼动作，更快地进食，确保更好地生存。

大熊猫宝宝成长记

　　你知道吗？一只大熊猫幼崽从出生到长大，对于大熊猫妈妈和它自己来说，都不是一件容易的事。

　　刚出生的大熊猫幼崽十分幼小，体形如同一只老鼠，还有一条相对身体比例而言称得上长的尾巴，通身肉色，且有一些稀疏的白色绒毛，并没有像成年大熊猫一样的黑眼圈、黑耳朵和黑胳膊。不过，大熊猫幼崽在接受哺乳一周后，我们熟悉的黑色部分就会逐渐出现，再过一个月左右，大熊猫幼崽身上黑白相间的毛色就会相对清晰了。

一般情况下，大熊猫妈妈一次就产一只幼崽，少数情况下会出现"双胞胎"。

大熊猫幼崽刚出生的时候，就会从妈妈那里收获到许多母爱。

在刚出生约一周的时间里，幼崽会被大熊猫妈妈抱在胸前，妈妈会时刻关注它的状态，野生大熊猫妈妈甚至会在此期间不吃不喝。

两月龄之前的幼崽几乎没有活动能力，吃奶和睡觉就是它最主要的"工作"。其实，这对大熊猫妈妈来说是一件挺辛苦的事，因为一天里它需要多次给幼崽喂奶。

此时的幼崽还不具备视听能力，它既看不见也听不见，只能通过叫声、嗅觉、触觉等和妈妈交流。比如：当幼崽发出持续尖叫的时候，意思就是"妈妈，我饿了"；而当幼崽发出"呱呱"声，意思就是"妈妈，我现在很舒服"。

这个时候的幼崽也不能自主排便，所以，大熊猫妈妈需要不停地舔舐幼崽的肛门和胸腹，以此刺激幼崽排便。而在人工繁育的环境下，工作人员会用湿棉球轻轻敲击幼崽的排泄器官，模拟大熊猫妈妈的舔舐动作。

幼崽会一直跟着妈妈生活，直到它在约两岁时进入"亚成体"阶段，有了基本的独立能力。这时，大熊猫妈妈会以一种"孩子长大了，自己出去独当一面吧"的态度，与孩子分开。

"被赶出家门"的孩子并不会即刻离开妈妈的所在地，而是要过一段时间才真正"离家"，开始自己的独立生活。

七仔：棕色的大熊猫

现在，问大家一个问题：闭上眼睛，想一想大熊猫是什么颜色的？

黑白。是吗？这应该是很多人的答案。

但是，在中国陕西秦岭，有一只棕色的大熊猫，名叫"七仔"，它是目前为止世界上唯一一只棕色的圈养大熊猫。不过，七仔并不是世界上第一只被发现的棕色大熊猫，它已经是第五只了。第一只在野外被发现的棕色大熊猫，名叫"丹丹"，发现时间是1985年3月，地点是在陕西佛坪。之后，人们陆续在周边地区发现了其他的棕色大熊猫。

七仔一开始是在野外被发现的。2009年，陕西珍稀野生动物抢救饲养研究中心接到了一个电话，说是有一只棕色的大熊猫幼崽在秦岭三官庙附近，小家伙的母亲已经不在身边了。工作人员接到电话以后，马上前往当地进行救助，这只幼崽就是七仔。七仔在野外被发现的时候还不到两个月，有比较明显的健康问题，一是脱水，二是肠道堵塞。研究中心工作人员很快对七仔进行了治疗，之后，七仔就在研究中心安了家。

为什么七仔是棕色的？

有人说，七仔的毛色可能遗传自父母，但据说七仔的母亲是一只毛色正常的黑白大熊猫。也有人说，可能是一种返祖现象，或许远古时候的熊猫中就有这个毛色。还有人说，这是一种类似白化病的现象。

不过，黑白色的大熊猫也好，棕白色的大熊猫也罢，它们都是中国的宝贝，都是世界的宝贝。

意义重大的旗舰物种和伞护物种

在漫长的物种演化中，大熊猫作为至少有八百万年历史的"活化石"遗存了下来，它的存在具有十分重要的研究价值。

从生态学上来说，人类对大熊猫的保护可不只是因为它可爱，更多是因为大熊猫是十分典型的旗舰物种和伞护物种。

从这个角度来说，我们保护大熊猫其实就是在保护大熊猫所在区域的生态环境和动植物。而大熊猫作为旗舰物种和伞护物种的吸引力和号召力也辐射到全世界。比如，世界自然基金会的标志就选用了大熊猫的形象。

旗舰物种

能提高人们物种保护意识和行动的、具有地区生态维护力的、受欢迎并有魅力的物种。

伞护物种

像伞一样能够对其庇护下的其他物种产生保护作用的物种。这一保护作用往往通过对这一地区的生态保护来达成，即为了给伞护物种的栖息地营造良好环境，必然加强对栖息地空气、土壤、水源等多方面的保护，从而为这一栖息地当中生存的所有动植物提供良好的生存环境。

小熊猫

　　中国有大熊猫，也有小熊猫。小熊猫学名红熊猫，躯干为红褐色，四肢为棕黑色，耳朵和脸上有白色斑纹，尾巴蓬松粗长且有红棕与白色相间的环状斑纹。

　　从外形来看，小熊猫和浣熊有些像，下面左图为小熊猫，右图为浣熊。大家不要弄错了哦！

澳大利亚的考拉

2019 年，澳大利亚发生了一场旷日持久的森林大火。

这场林火造成大量动物死亡、受伤或无家可归，其中不乏珍稀动物和濒危物种，例如澳大利亚的国宝之一——考拉。

"懒散"的考拉

考拉的性格看上去既温和又懒散，它既不会跟猴子一样，在树枝之间不断跳跃、攀爬，也不会一群又一群地聚集在一起。它总是独自搂着树干睡觉，睡醒了就抓一把桉树叶吃，吃饱了再继续睡。考拉常常是一副昏昏沉沉的样子，好像随时随地都能睡过去。它也不爱喝水，因为 90% 的水分是通过吃桉树叶获取的。

考拉真的很"懒"，如果它选定一棵树当作家的话，几乎就不会再变化。它会一直待在这棵树上，在上面留下自己的味道，以防其他考拉来"随意串门"。当考拉在树上的时候，也不会频繁地变换姿势。要是天气冷的话，它就将自己抱得紧实一点；要是天气热的话，它就将自己的身体稍微舒展开来。

考拉将大部分时间用来睡觉和吃饭，醒着的时候就会表现出一种放空的状态。

在澳大利亚悉尼的西姆比欧野生动物园，一只名叫"格雷斯"的考拉有几个夜晚表现出了异样——它坐在树杈的顶端，呆呆地抬头看着天空。澳大利亚的星空十分美丽，它就这样抬头看了很久，近4个小时后，它终于爬下了树杈。彼时，温度还比较低，对于别的考拉来说，正是好好保暖休息的时候，但是，格雷斯连续两天晚上爬上了那里。这段视频被动物园的人发到了网络上，很多人都在讨论，格雷斯到底在想什么，或者说，它到底在看什么。

星空是美妙的，很多人以为这种美妙只有人类才能欣赏、才会懂得，或许其他的动物也有自己的想法呢？

吃妈妈粪便的考拉宝宝

你知道吗？考拉的学名，是"树袋熊"。这个名字很好理解，就和袋鼠一样，考拉的肚子上也有一个育儿袋，它的开口朝下，刚出生不久的小考拉会在育儿袋里待着。有一件事情很奇怪，那就是考拉宝宝会吃考拉妈妈的粪便。这是为什么呢？

考拉的口味十分单一，是个十分挑食的家伙。世界上有600多种桉树，但是，它只吃其中的30种，而这些桉树主要生长于澳大利亚。

桉树叶是有毒的，不过考拉的身体能够消解其中的毒性，而睡眠时间很长，就是它食用桉树叶的"副作用"。成年考拉可以消解桉树叶中的毒性，考拉宝宝却不行。当考拉宝宝在妈妈的育儿袋里时，它主要以妈妈的乳汁为食，逐渐长大之后才渐渐可以尝试一些别的食物，就像是人类婴儿通过辅食补充营养一样。桉树叶被考拉妈妈吃下去、变成粪便排出来的整个过程中，桉树叶中的营养只被考拉妈妈吸收了大约20%，剩余的营养还保存在胶状粪便中。所以，考拉宝宝吃下妈妈的粪便，对于它们来说，是一种获得营养、适应环境的行为。

　　小考拉长大成年之后，就会去寻找自己的领地。但是，考拉的视力不是很好，更多是依靠听力和气味来辨识东西。两只考拉争夺领地的时候，也是通过咆哮来"攻击"对方。与呆萌、可爱的外表不同，考拉的声音非常尖锐，当受伤的考拉号叫起来的时候，几乎称得上是"撕心裂肺"。所以，考拉其实不像我们想象中那样总是保持"懒散"的状态，它们也具有攻击性，有着暴躁的一面。

第 2 章

宠物传奇

猫的国

如果说世界上有一种动物，让我们感到最熟悉也最亲切，或许，很多人会想到猫。

家猫驯化小史

人类驯化猫的历史非常久远。这个驯化过程并不是从猫和人相遇的那一刻开始，而是在猫与人类共同生活了千年后才开始的。

在8000年到10000年前，猫开始走进人类生活。不过，这时的猫并没有和人类建立宠物和主人的关系，而主要是扮演着"捕猎手"的角色，

驯化
野生动物、植物经过人工长期饲养或培育而逐渐改变原来的习性，称为家畜、家禽或栽培植物。这就是驯化。

　　它们要捕猎的是偷食人类粮食的老鼠。

　　在中国，至少5300年前就开始用猫来对付鼠患，不过当时的猫是否完全家养还有争议。而在古埃及，人们最初养猫也是为了应对鼠患、狩猎鸟类等，后来，猫逐渐在当地文化中取得了一个崇高的地位。

　　古埃及有一个被称为"贝斯特"的女神，她被古埃及人描绘成猫首人身或者狮首人身。古埃及民间认为贝斯特女神的化身是一只猫，她最初的形象是母狮子，后来变成了猫，这也表现了这位女神的不同形象，当她是猫形象时代表了幸福和快乐，当她是狮子形象时代表了复仇和毁灭。

那么，完全被驯化的家猫是什么时候开始出现的呢？

家猫的祖先可能来源于北非和西亚一带，而猫可能历经了两次驯化浪潮，一次是新石器时代，一次是古埃及时代，之后猫开始从埃及一带传出。

此后经过数千年，猫逐渐走向了世界各地，并且融入了当地的生活和文化。

到了 1871 年，第一次有组织的猫展在英国伦敦水晶宫成功举办。

阿比西尼亚猫

阿比西尼亚猫，产地是非洲的埃塞俄比亚（旧称阿比西尼亚），据说它是古埃及猫的直系后代。典型的阿比西尼亚猫是杂色，中等体形，脖子纤长，脚掌小而圆，动作灵活，身姿优雅，像一只迷你版美洲狮。

神秘的猫眼

猫的眼睛十分神秘而有趣。

不知道你是否看到过这样的情况？当你仔细观察一只猫时，会发现它的瞳孔可以变化，时而是缝隙状，时而是扁圆形，时而是椭圆形；还有，当你在夜晚看见一只猫时，即便夜色下的猫身形模糊，它的两只眼睛却像两只灯泡一样发着光。

这是为什么呢？

这是因为猫眼的视网膜后面有一层能够反射光线的膜，叫作银膜或反光膜。因为反光膜的存在，相对人类而言，猫更能够适应弱光线的环境。虽然如此，但要是说猫能够在极暗的环境下看清所有障碍物且畅通无阻，这就言过其实了。

猫的瞳孔形状会变化也是因为反光膜。光线越暗的时候，猫的瞳孔就越趋向圆形；而光线越强的时候，猫的瞳孔就越趋向于变成一条缝。

猫眼有趣的地方不只是它变化莫测的瞳孔，还有漂亮的颜色。

不同品种的猫，眼睛的颜色有所不同，包括古铜色、蓝色、绿色、金色等。眼睛的颜色和其视网膜色素层有关，而色素层又与遗传基因有关。

其实，所有猫在刚出生的时候，眼睛都是蓝色的，但是在出生后的三个月内，猫眼的颜色会逐渐发生变化。

耳朵当雷达，胡须似天线

猫是一种十分敏感的动物。猫的耳朵多是三角形，通常呈直立状态，相对于猫头来说比例不算小，能够快速定位声源和轻微的声音，就像雷达一样。所以猫的听力是人类的 3 倍，甚至比狗还要灵敏。

除了雷达，猫还有天生的"天线"。

猫的眼睛和嘴巴附近长有白色胡须。胡须是猫触感的延伸，能够帮助它们对环境做出判断。比如，在黑暗中行走的猫会用胡须判断前方是否有障碍物，或者它要钻入的地方是否过于狭小。

猫会用身体"说话"

　　人类交流时，不仅使用语言对话，还会使用肢体动作，这样，有利于我们了解对方的真实情绪和想法。

　　那么，人类和猫也能有这样的交流吗？

　　答案是可以的。

　　猫是一种敏感的动物，它的情绪表达往往会很直接。

　　猫竖着尾巴、主动朝你走来，还蹭你的手或脚，同时嘴里还发出轻柔的声音；或者，猫朝你伸头，还主动跑到你的怀里。这两种情况都说明它的情绪还不错。

猫语解读：
你现在可以摸我哟，
我现在心情不错！

猫竖着尾巴，围着你不停转圈，嘴里还不停地发出"喵喵"声。这种情况可能是它想要带你去某处，如果是便盆，那可能是想要告诉你便盆该收拾了；如果是食盆，可能是想告诉你它肚子饿了（也有可能哪儿都不去，就是单纯想要吃的）；如果是门或窗户，可能是想告诉你打开门或窗户让它出去玩。

猫语解读：
有个地方带你去看一下——
该铲屎了哦！
该喂饭（零食）了哦！
开门（开窗户），我要出去走走。
（但其实你打开了门窗，它也不一定会走出去。）

猫用前爪有节奏地推揉——猫爪展开向前推，尖甲露出，掌心推揉，猫爪往后收，尖甲回缩——这个动作被称为"踩奶"，是猫在幼崽时期踩揉母猫胸部，促使乳汁分泌的动作，友好的意味很强。

猫语解读：
我现在很开心，
也很舒服。

如果猫耳朵向后，尾巴摇摆不停，有抬爪子的迹象，同时嘴里还发出低沉的"呜呜"声，这就是不耐烦或者警示的意思。

猫张大嘴巴，露出尖牙，嘴里发出剧烈的"嘶哈"或"呜呜"声，背脊拱起，猫毛竖立，耳朵向后靠，尾巴剧烈摇摆，这已经是威胁性和攻击性很强的动作了，也可能是一种强烈恐惧的表现。

如果猫刚进入一个新环境，会表现得很谨慎，比如，它会以肚子几乎贴着地面的姿势小心翼翼地观察环境。这是一种紧张情绪的表现。

猫语解读：
陌生的地方，
陌生的人，
好紧张。

当然，猫的声音、表情、姿态等不止这几种，还有其他多种形式。我们只有耐心观察，才能理解这些小家伙，才能学会与它们"沟通"。

猫咪大家族

　　如果有人告诉你，猫界也有选美比赛，你是否会感到惊讶呢？猫展，就是一场猫咪之间的大型选美比赛。很多人带着自己的爱猫参加猫展，猫咪们通过层层选拔，才能选出最优秀的一只猫。获得优秀头衔的猫，可以申请"锦标赛资格证书"；拿下三届锦标赛资格证书，才能被称为"冠军"；要想成为"世界冠军"，就要获得三届"国际选美挑战证书"。如果你参加过猫展，就会发现原来世界上有这么多品种的猫。

　　常见的宠物猫可以分为长毛猫、短毛猫、卷毛猫和无毛猫，等等。

　　长毛猫的代表就是波斯猫。

波斯猫拥有蓬松的猫毛，而且它们的毛比一般猫的毛要长很多。有些波斯猫长相十分乖巧，有些波斯猫则有点儿"横眉竖目"的样子。波斯猫根据其毛色不同又分为很多种类，比如，蓝色波斯猫、红色波斯猫、双色波斯猫、金吉拉波斯猫等。波斯猫受欢迎的历史或许有 500 多年了。

1521 年，意大利有一位旅行家，名字叫作彼得罗·德拉·瓦莱。彼得罗喜欢旅行，波斯猫据说就是他从伊朗带到意大利的。此后，波斯猫在欧洲变得越来越受欢迎，在 19 世纪的一次猫展上，波斯猫受到了全世界的瞩目。

还有一种猫十分有趣，它身上的毛都是浅金色的，四只爪子的颜色则偏白，但脸上的毛却是深色，远远看去，就像是脸被涂黑了一样。这种猫被称为伯曼猫。伯曼猫的故乡在东南亚的缅甸，不过，还有人说伯曼猫是 20 世纪初由法国人培育出来的品种。

在伯曼猫的基础上，人们又培育了一个新品种，叫作布偶猫。它有四只白色的爪子，身上是浅色的毛，脸上的颜色更深一些。20 世纪 60 年代，第一只布偶猫出生在加利福尼亚。

除了上面几种长毛猫，常见的短毛猫有英国短毛猫、俄罗斯蓝猫等，卷毛猫有德文卷毛猫等，无毛猫一般则是指斯芬克斯猫。

世界上还有各种各样的猫，按毛色划分，有白色的、黑色的、玳瑁色的、橘色的、双色的、三色的，按瞳色划分，有黄眼睛的、蓝眼睛的、黑眼睛的，还有长尾巴的、短尾巴的……猫咪，可是一个大家族呢！

书里的猫

清朝咸丰年间有一本讲述猫的书——《猫苑》，作者是黄汉，这本书分上下两卷，从种类、形象、毛色、灵异、名物、故事、品藻等方面来讲述猫，堪称古代养猫小百科。

下面我们来欣赏一下其中的内容吧。

家猫为猫，野猫为狸。狸亦有数种。大小似狐，毛杂黄黑，有斑如猫，圆头大尾者，为猫狸，善窃鸡鸭。

译文：家猫称为猫，野猫称为狸。狸也有很多种类。大小和狐狸差不多，毛色掺杂黄色和黑色，皮毛还有斑点，脑袋圆而尾巴大的，就是狸猫，擅长偷食鸡鸭。

乌云盖雪，必身背黑，而肚腿蹄爪皆白者，方是。若仅止四蹄白者，名踏雪寻梅，其纯黄白爪者同。（《相猫经》）

纯白而尾独黑者，名雪里拖枪……通身黑，而尾尖一点白者，名垂珠。（《相猫经》）

译文：被称作"乌云盖雪"的猫，指的是身体和后背都是黑色，但肚子、腿、爪子都是白色，这才是乌云盖雪。如果只是四个爪子是白色的，就叫作"踏雪寻梅"，身体毛色纯黄但爪子是白色的猫也是这个称谓。出自《相猫经》。

全身纯白但只有尾巴是黑色的，叫作"雪里拖枪"……通身黑色，但尾巴尖儿上带一点儿白毛的，叫作"垂珠"。出自《相猫经》。

《猫》是老舍的一篇散文，老舍在这篇文章中谈到了自家养的猫。字里行间中，老舍把古灵精怪的猫写得活灵活现。

老舍，原名舒庆春，著名作家，代表作有小说《骆驼祥子》《四世同堂》，剧本《茶馆》《龙须沟》。

猫的性格实在有些古怪。说它老实吧，它的确有时候很乖。它会找个暖和地方，成天睡大觉，无忧无虑，什么事也不过问。可是，它决定要出去玩玩，就会出走一天一夜，任凭谁怎么呼唤，它也不肯回来。说它贪玩吧，的确是呀，要不怎么会一天一夜不回家呢？可是，及至它听到点老鼠的响动啊，它又多么尽职，闭息凝神，一连就是几个钟头，非把老鼠等出来不可！

它要是高兴，能比谁都温柔可亲：用身子蹭你的腿，把脖儿伸出来要求给抓痒，或是在你写稿子的时候，跳上桌来，在纸上踩印几朵小梅花。它还会丰富多腔地叫唤，长短不同，粗细各异，变化多端，力避单调。在不叫的时候，它还会咕噜咕噜地给自己解闷。这可都凭它的高兴。它若是不高兴啊，无论谁说多少好话，它一声也不出，连半个小梅花也不肯印在稿纸上！它倔强得很！

"汪星人"物语

除了猫，和人类关系同样亲密的小动物还有狗。相比猫来说，狗狗显得更加亲人，它们对人类总有用不完的热情。

狗的祖先是什么

狗是人类最早驯化的动物之一，人类饲养狗的历史可以追溯到13500多年前，而人类对狗的驯化远在此之前。

那么，对于现在的狗来说，它们的祖先是谁？它们又经历了怎样的驯化过程？

关于"狗的祖先到底是什么"这个问题，虽然在具体的起源时间、地点、品种上还有争议，但是生物学家大体上还是承认狗与狼的近亲关系。

比如，《物种起源》的作者达尔文就抱持这样的观点。他认为狼是狗的祖先，这个"祖先"的品种可能包括亚洲胡狼、黑背胡狼、侧纹胡狼等。

而在基因检测技术出现之后，在基因层面上，我们也探知到狗和灰狼的相似性的确大于狗和其他犬科动物的相似性。

所以，"狗的祖先是狼"成为目前的主流说法。

为什么人类在众多动物中选择了狼来驯化呢？

我们可以假设一下，起初，人类通过狩猎、采集果实来果腹，一些狼会跟着捡食"剩饭"，部分性格温顺的狼和人变得亲近起来，而这些狼的幼崽也开始被人类收养、繁衍。人用食物饲养狼，而狼也帮助人狩猎和放哨。

人类选择驯化狼，可能是因为相比纯肉食动物，狼属于杂食动物，便于人类喂养；一些性格相对温和的狼能够被驯化；狼的狩猎技巧和奔跑速度能够帮助人们狩猎……

在此后漫长的驯养过程中，狼逐渐成为家犬，而家犬也彻底走进了人类的生活。

可爱的工作犬

在人类驯化狗的过程中，很多犬类的服从性变得十分高，人类会针对它们不同的特性进行培育或者选择。在英国科学家达尔文《物种起源》（周建人、叶笃庄、方宗熙译）一书中，关于犬类的演化有几段这样的描写。

　　大多数家养动物的起源，也许会永远暧昧不明。但我可以在此说明，我研究过全世界的家狗，并且苦心搜集了所有的既知事实，然后得出这样一个结论：狗科的几个野生种曾被驯养，它们的血在某些情形下曾混合在一起，流在我们家养品种的血管里。

　　……

　　甚至全世界的家狗品种（我承认它们是从几个野生种传下来的），无疑也有大量的遗传变异；因为，意大利长躯猎狗、嗅血猎狗、逗牛狗、巴儿狗（Pug-dog）或布莱尼姆长耳猎狗（Blenheim spaniel）等等同一切野生狗科动物如此不相像，有谁会相信同它们密切相似的动物曾经在自然状态下生存过呢？有人常常随意地说，所有我们的狗族都是由少数原始物种杂交而产生的；但是我们只能从杂交获得某种程度介于两亲之间的一些类型；如果用这一过程来说明我们的几个家养族的起源，我们就必须承认一些极端类型，如意大利长躯猎狗、嗅血猎狗、逗牛狗等，曾在野生状态下存在过。何况我们把杂交产生不同族的可能性过于夸张了。

　　正是因为人类按照自己的需求对犬类进行了培养，所以，也就产生了从事各种职业的狗。我们可以看一下，不同职业的狗狗都是如何工作的。

一只拉布拉多正带着它的主人慢慢地朝前走去，它的主人戴着一副墨镜，手上拿着一根导盲杖，原来，它的主人是一位视障人士。正是因为主人看不见，所以，这只拉布拉多几乎是平行地跟随在主人身边。当主人要过马路的时候，红灯亮了，这只拉布拉多便停了下来，它的主人也停了下来。当绿灯亮起来的时候，这只拉布拉多又引导着主人缓步前行。而当主人回到家中的时候，这只拉布拉多也能够听懂一些比较基础的口令，帮主人拿一些东西。

这种类型的狗狗被称为导盲犬。它们是工作犬的一种，在"上岗就业"之前要经过长期的专业训练。它们的任务就是帮助主人更安全地在公共场合活动。这类工作犬都是从幼犬时期就开始训练，一般会选择那些没有攻击史的优良血统的品种。导盲犬在训练过程中会做很多避障练习，也就是躲避障碍的训练，这样才可以帮助以后的主人。训练好的导盲犬还需要和将来的主人进行一段时间的共同训练，来强化人与狗之间的配合。

除了导盲犬，我们常见的工作犬还有警犬，即参与警务工作的犬类，细分的话有搜救犬、缉毒犬、缉私犬、防暴犬，等等。

一般，警犬会选择德国牧羊犬、罗威纳、拉布拉多、史宾格等，这些犬的智商很高，服从性很强，情绪也比较稳定。因为警犬特殊的工作属性，有时候它们要高强度地执行任务，而长时间工作对它们的健康和寿命会有影响，所以相较于一般养护比较好的健康宠物犬来说，警犬的寿命都要短一些。

　　这个世界上，动物也和人类一样努力地生活着，它们有自己的喜怒哀乐，也有自己的生存方式。我们能做的，就是既爱着这个世界，也爱着这些有趣的小家伙。

祸斗

在中国的神话中，有一种战斗力很强的神兽，它的名字叫作祸斗。

相传祸斗是一只通体漆黑的狗，它吃的是火焰，排出来的还是火焰，它所到之处能引发火灾。正因如此，人们就将祸斗和灾祸联系了起来。

不过，这并不是说祸斗是邪恶的，它有时候也是火神的象征。

地狱三头犬

在古希腊神话中，有"地狱三头犬"。地狱三头犬名为刻耳柏洛斯，它看守着冥界的入口，三个凶神恶煞的狗头共用一个身体。地狱三头犬非常凶残，它有着血红的眼睛，能够看穿周遭的一切；它的口里流着涎液，能够腐蚀人的肉体……在欧美的很多影视作品中，地狱三头犬都有着让人不寒而栗的形象。

图书在版编目（CIP）数据

国宝萌宠秀 /《让孩子看懂世界》编写组编著. —
北京：石油工业出版社，2023.2
（让孩子看懂世界的动物故事）
ISBN 978-7-5183-5679-9

Ⅰ.①国… Ⅱ.①《让… Ⅲ.①动物—青少年读物
Ⅳ.①Q95-49

中国版本图书馆CIP数据核字（2022）第186486号

国宝萌宠秀

《让孩子看懂世界》编写组　编著

出版发行：石油工业出版社
　　　　　（北京市朝阳区安华里2区1号楼　100011）
网　　址：www.petropub.com
编 辑 部：（010）64523616　64523609
图书营销中心：（010）64523633
经　　销：全国新华书店
印　　刷：三河市嘉科万达彩色印刷有限公司

2023年2月第1版　　2023年2月第1次印刷
787毫米×1092毫米　开本：1/16　印张：3.75
字数：30千字

定价：32.00元
（如发现印装质量问题，我社图书营销中心负责调换）